FRESSEN IST FERTIG!

Parragon Books Ltd
Chartist House
15-17 Trim Street
Bath BA1 1HA, UK
www.parragon.com

Entwurf und Realisation: Tall Tree Ltd
Fotos: Michael Wicks
Illustrationen: Apple Art Agency

Realisation der deutschen Ausgabe: trans texas publishing, Köln
Übersetzung und Satz: lesezeichen Verlagsdienste, Köln

ISBN 978-1-4723-5075-6
Printed in China

FRESSEN IST FERTIG!

Leckereien für den besten Hund der Welt

Shawn Sherry

PaRragon

Bath · New York · Cologne · Melbourne · Delhi
Hong Kong · Shenzhen · Singapore · Amsterdam

Inhalt

1

2

Rezepte für Fleischliebhaber

Vegetarisches zum Männchenmachen

Gute-Laune-Snacks

Desserts für Schleckermäuler

Allergenarme Rezepte

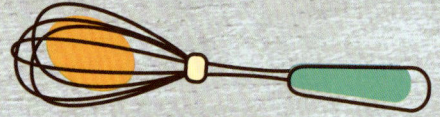

Wenn Sie Tiernahrung selbst kochen und backen, können Sie ganz sicher sein, dass nur gute und gesunde Zutaten ihren Weg in den Hundemagen finden. Egal, ob Sie Sternekochambitionen hegen oder Ihrem Hund einfach nur Ihre Zuneigung am Herd beweisen wollen - Ihr Hund wird Ihnen den Einsatz hoch anrechnen!

Zutaten besorgen

Die allermeisten Zutaten finden Sie in jedem gut sortieren Supermarkt. Nur ganz wenige Dinge, etwa die Carob-Tropfen oder glutenfreie Haferflocken, sind im Reformhaus, im Bioladen oder über das Internet erhältlich.

Darf's ein bisschen mehr sein?

Die Portionsgröße hängt von der Größe des Hundes und seiner Aktivität ab. Ein Rezept macht möglicherweise einen großen Hund nur einmal am Tag satt, ergibt aber vier Portionen für einen kleinen Hund. Leckerchen sollten nicht als Hauptmahlzeit, sondern als Belohnung gegeben werden.

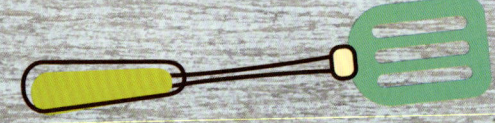

Lagerung

Was nicht sofort verzehrt wird, sollte in Tüten oder Dosen luftdicht verpackt im Kühlschrank oder im Gefrierschrank aufgehoben werden. Was sich wie lange hält, steht immer am Ende der Rezepte.

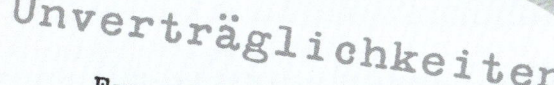

Unverträglichkeiten

Eventuell stellen Sie fest, dass der kleine Kamerad manche Dinge nur schwer verdaut, etwa Produkte mit Weizen. Im letzten Kapitel finden Sie darum Rezepte, die auch von empfindlichen Hunden gut vertragen werden. Wenn Sie unsicher sind, wenden Sie sich an Ihren Tierarzt.

GIB MIR AUF KEINEN FALL ZWIEBELN, SCHOKOLADE, AVOCADO, ROSINEN, TRAUBEN ODER IRGENDETWAS MIT FRUCHTKERNEN. DAS BEKOMMT MIR GAR NICHT GUT.

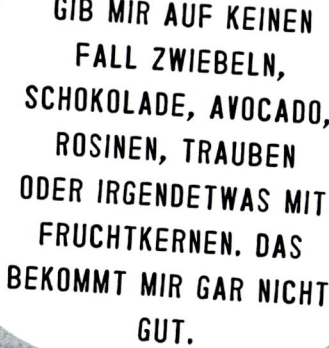

KAPITEL 1

Rezepte für Fleischliebhaber

KÄSEKNOCHEN »WAU«

1 Den Ofen auf 190°C vorheizen.

2 Haferflocken und Fond in einer Rührschüssel vermengen, bis eine glatte Masse entsteht.

3 Den Parmesan nach und nach dazugeben und das Ganze zu einem Teig verarbeiten.

4 Die Haferflockenmischung auf einer sauberen Arbeitsplatte etwa 1 cm dick ausrollen.

5 Plätzchen ausstechen, dann den übrigen Teig noch einmal kneten und ausrollen. Die Plätzchen auf das Backblech legen und 30 Minuten backen.

6 Ganz abkühlen lassen, bevor Bello probieren darf.

7 Hält sich - gut verpackt - im Kühlschrank bis zu zwei Wochen.

ZUTATEN

450 G HAFERFLOCKEN

225 ML RINDERFOND

60 G GERIEBENER PARMESAN

FEINES HÜHNCHEN

SIE BRAUCHEN

BACKOFEN
BACKBLECH
MESSBECHER
2 TÖPFE
KÜCHENWAAGE
SPARSCHÄLER
SCHNEIDEBRETT
MESSER
RÜHRSCHÜSSEL
HOLZLÖFFEL

1 Den Ofen auf 180°C vorheizen. Das Hähnchenbrustfilet auf dem Backblech etwa 30 Minuten im Ofen backen, bis es durch und durch gar ist. Das Fleisch darf nicht mehr rosa sein.

2 350 ml Wasser in einem Topf aufkochen. Den Reis darin bei geringer Hitze 45 Minuten garen, bis das Wasser vollständig aufgesogen ist.

3 Die Karotten schälen und in kleine Würfel schneiden. Die Bohnen in kleine Stücke schneiden. Zusammen mit den Erbsen in einem zweiten Topf in dem restlichen Wasser (225 ml) 5 Minuten kochen.

4 Die gegarte Hähnchenbrust auf dem Schneidebrett in kleine Würfel schneiden.

5 Hühnchen, Reis und Gemüse in einer Rührschüssel vermengen.

6 Vor dem Servieren auf Raumtemperatur abkühlen lassen.

7 Die Menge entspricht 1–4 Portionen, abhängig von Größe und Appetit des Hundes. Hält sich im Kühlschrank zwei Tage, im Gefrierfach einen Monat.

ZUTATEN

225 g HÄHNCHENBRUSTFILET

575 ml WASSER

150 g REIS

100 g KAROTTEN

100 g GRÜNE BOHNEN

100 g ERBSEN

ERDBEERIGE ERFRISCHUNG

1 125 g Erdbeeren putzen und vierteln. Die Früchte in einen Mixer geben.

2 125 ml Wasser zugießen und pürieren, bis eine glatte Masse entsteht.

3 Die Erdbeermischung in einen Eiswürfelbereiter gießen und in den Gefrierschrank stellen, bis die Stücke hart gefroren sind. Dieses Erdbeereis kann man gut mit auf einen Spaziergang oder zum Picknick nehmen, damit der Hund auch bei großer Hitze einen kühlen Kopf behält.

GUTE TISCHMANIEREN

Für unterwegs

Die perfekte Reisespeise!

ES KANN LOSGEHEN!

OBSTMIX

1 Den Backofen auf 150 °C vorheizen. Einen Apfel, eine Birne, eine Banane und eine Karotte in dünne Scheiben schneiden (Kerngehäuse entfernen, wo vorhanden). Auf einem Backblech verteilen.

2 Im Ofen 30 Minuten backen.

3 Die Scheiben wenden und weitere 30 Minuten backen, oder bis sie sich trocken anfühlen.

4 Auf Zimmertemperatur abkühlen lassen. Das Obst hält sich im Kühlschrank eine Woche.

FISCHERS FRITZ

SIE BRAUCHEN

BACKOFEN
KÜCHENWAAGE
MESSBECHER
RÜHRSCHÜSSEL
HOLZLÖFFEL
BACKROLLE
FISCHAUSSTECHER
BACKBLECH

1 Den Ofen auf 190°C vorheizen.

2 Haferflocken und Fond in einer Rührschüssel vermengen, bis eine glatte Masse entsteht.

3 Den Parmesan nach und nach dazugeben und das Ganze zu einem Teig verarbeiten.

4 Die Haferflockenmischung auf einer sauberen Arbeitsplatte etwa 1 cm dick ausrollen.

5 Plätzchen ausstechen, dann den übrigen Teig noch einmal kneten und ausrollen. Die Plätzchen auf das Backblech legen und 30 Minuten im Ofen backen.

6 Vollständig abkühlen lassen, bevor Bello probieren darf.

7 Hält sich - gut verpackt - im Kühlschrank bis zu zwei Wochen.

ZUTATEN

450 g HAFERFLOCKEN

225 ml FISCHFOND

60 g GERIEBENER PARMESAN

16

SPECK-SNACK

SIE BRAUCHEN

BACKOFEN
PFANNE
KÜCHENPAPIER
SCHNEIDEBRETT
MESSER
KÜCHENWAAGE
MESSBECHER
RÜHRSCHÜSSEL
HOLZLÖFFEL
12 PAPIERFÖRMCHEN
12ER-MUFFINFORM

1 Den Ofen auf 190°C vorheizen.

2 Den Frühstücksspeck in der Pfanne 10 Minuten braten, bis er knusprig ist.

3 Den Frühstücksspeck auf Küchenpapier abtropfen lassen, dann auf dem Schneidebrett in sehr kleine Stücke schneiden.

4 Haferflocken, Speckstückchen und Honig in einer Rührschüssel gut vermengen.

5 Die Muffinform mit 12 Papierförmchen auskleiden. Den Teig auf die 12 Mulden verteilen.

6 Im Ofen etwa 20 Minuten backen, bis die Oberfläche hellbraun wird und knusprig aussieht.

7 Vor dem Servieren auf Zimmertemperatur abkühlen lassen.

8 Die Muffins halten sich im Kühlschrank bis zu vier Tage.

ZUTATEN

2 STREIFEN FRÜHSTÜCKSSPECK

450 G HAFERFLOCKEN

60 ML HONIG

18

KAPITEL 2

Vegetarisches zum Männchenmachen

FIFFIS TRAUM

SIE BRAUCHEN

KÜCHENWAAGE
SPARSCHÄLER
SCHNEIDEBRETT
MESSER
RÜHRSCHÜSSEL
HOLZLÖFFEL
MESSBECHER

1 Den Salat waschen. Gurke, Karotten und Süßkartoffel schälen.

2 Gurke, Karotte und Süßkartoffel in kleine, etwa 1 cm dicke Würfel schneiden. Alles in einer Rührschüssel vermengen.

3 Den Salat in kleine Stücke schneiden und ebenfalls in die Rührschüssel geben.

4 Den Joghurt über Gemüse und Salat gießen und vermengen, bis alles mit Joghurt überzogen ist. Sofort servieren.

5 Die Menge entspricht 1–4 Portionen, abhängig von Größe und Appetit des Hundes. Hält sich im Kühlschrank zwei Tage.

ZUTATEN

200 G SALAT

100 G SALATGURKE

150 G KAROTTEN

150 G SÜSSKARTOFFEL

60 ML FETTARMER NATURJOGHURT

Für Wonne-proppen

Leckere Snacks, die Ihren Vierbeiner in Topform bringen.

STANGEN-SELLERIE

1 Die Blätter von drei Selleriestangen entfernen. Das Gemüse in 10 cm lange Stücke schneiden.

2 Den hohlen Kanal in jedem Selleriestück mit Erdnussbutter füllen.

3 Fertig ist der gesunde Snack!

OBST-CUP

1 Einen Apfel entkernen. Dann den Apfel, eine Banane und 60 g Erdbeeren in kleine Stücke schneiden.

2 Die Obstwürfel mit 60 g Heidelbeeren mischen und dem Hund servieren.

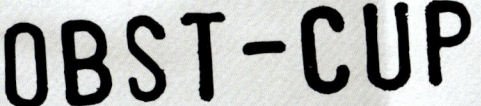
FERIENLAUNE

TIPP

Wenn Ihr Hund es nicht so gern knackig mag, dünsten Sie das Obst 5 Minuten, dann ist es weicher.

KÜR-BISS-SNACK

SIE BRAUCHEN

BACKOFEN
KÜCHENWAAGE
MESSBECHER
RÜHRSCHÜSSEL
HOLZLÖFFEL
BACKROLLE
MESSER (ODER EIN AUSSTECHER
MIT 15 CM Ø)
12ER-MUFFINFORM

1 Den Ofen auf 190°C vorheizen.

2 Mehl, Wasser und 150 g Kürbispüree in eine Rührschüssel geben.

3 Die Zutaten zu einem glatten Teig verarbeiten. Auf einer sauberen Arbeitsfläche 1/2 cm dick ausrollen.

4 Aus dem Teig 12 Kreise mit 15 cm Durchmesser ausschneiden oder ausstechen.

5 Die Teigkreise in die Mulden der Muffinform legen, sodass die Ränder überhängen.

6 Das verbliebene Kürbispürees auf die Mulden verteilen. Den überhängenden Teig oben zusammendrücken und so über der Füllung verschließen.

7 Die Küchlein 30 Minuten backen, bis sie oben goldbraun sind.

8 Vor dem Servieren auf Zimmertemperatur abkühlen lassen. Im Kühlschrank halten sich die Küchlein bis zu vier Tage.

ZUTATEN

450 G MEHL

125 ML WASSER

350 G KÜRBISPÜREE

SIE BRAUCHEN

MESSBECHER
2 TÖPFE
KÜCHENWAAGE
SPARSCHÄLER
SCHNEIDEBRETT
MESSER
HOLZLÖFFEL
RÜHRSCHÜSSEL

WAU-WOW-GEMÜSE

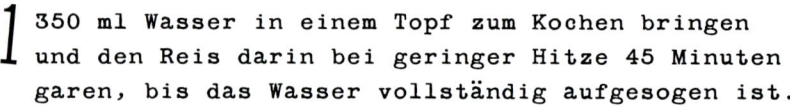

1 350 ml Wasser in einem Topf zum Kochen bringen und den Reis darin bei geringer Hitze 45 Minuten garen, bis das Wasser vollständig aufgesogen ist.

2 Die Karotten schälen. Karotten, grüne Bohnen und Kürbis in kleine Würfel schneiden, dann mit den Erbsen mischen. Das Gemüse im restlichen Wasser (225 ml) im zweiten Topf 5 Minuten garen.

3 Die Salatgurke in kleine Würfel schneiden.

4 Reis, Gemüsemischung und Gurke in einer Schüssel vermengen.

5 Das Ganze vor dem Servieren auf Zimmertemperatur abkühlen lassen.

6 Die Menge entspricht 1–4 Portionen, abhängig von Größe und Appetit des Hundes. Hält sich im Kühlschrank zwei Tage, im Gefrierfach einen Monat.

ZUTATEN

575 ml WASSER

150 g REIS

100 g KAROTTEN

100 g GRÜNE BOHNEN

100 g BUTTERNUT-KÜRBIS

100 g ERBSEN

100 g SALATGURKE

KAPITEL 3

Gute-Laune-Snacks

OSTEREIER-HUNDEKEKSE

1 Den Ofen auf 190°C vorheizen.

2 Die Karotten schälen und raspeln. Zusammen mit dem Wasser in einen Mixer füllen.

3 Die beiden Zutaten pürieren, bis eine glatte Masse entsteht.

4 Haferflocken und Karottenbrei in einer Rührschüssel gründlich verkneten.

5 Den Teig auf einer sauberen Arbeitsfläche etwa 1 cm dick ausrollen.

6 Möglichst viele Eierformen ausstechen. Den restlichen Teig erneut kneten und ausrollen. Alle »Eier« auf ein Backblech legen.

7 Die Kekese 30 Minuten backen, bis sie fest sind. Vor dem Servieren auf Zimmertemperatur abkühlen lassen.

8 Im Kühlschrank halten sich die Hundekekse zwei Wochen.

SIE BRAUCHEN

BACKOFEN
KÜCHENWAAGE
SPARSCHÄLER
SCHNEIDEBRETT
MESSER
MIXER
MESSBECHER
RÜHRSCHÜSSEL
HOLZLÖFFEL
BACKROLLE
OSTEREI-AUSSTECHER
BACKBLECH

ZUTATEN

225 G KAROTTEN

225 ML WASSER

450 G HAFERFLOCKEN

PUTENALLERLEI

1. Den Ofen auf 180°C vorheizen. Die Putenbrust auf ein Backblech legen und im Ofen 30 Minuten backen, bis sie durch und durch gar und nicht mehr rosa ist.

2. 350 ml Wasser in einem Topf aufkochen. Den Reis darin bei geringer Hitze 45 Minuten garen, bis das Wasser vollständig aufgesogen ist.

3. Die Karotten schälen. Karotten und grüne Bohnen in kleine Stücke schneiden, dann mit den Erbsen mischen. Das Gemüse im restlichen Wasser (225 ml) 5 Minuten dünsten.

4. Das Putenfleisch auf dem Schneidebrett in kleine Würfel schneiden.

5. Pute, Reis, Gemüse und Cranberrys in einer Schüssel gründlich vermengen.

6. Die Mischung vor dem Servieren auf Zimmertemperatur abkühlen lassen.

7. Die Menge entspricht 1–4 Portionen, abhängig von Größe und Appetit des Hundes. Hält sich im Kühlschrank zwei Tage, im Gefrierfach einen Monat.

SIE BRAUCHEN

BACKOFEN
KÜCHENWAAGE
BACKBLECH
MESSBECHER
2 TÖPFE
SPARSCHÄLER
SCHNEIDEBRETT
MESSER
RÜHRSCHÜSSEL
HOLZLÖFFEL

ZUTATEN

225 G PUTENBRUSTFILET

575 ML WASSER

150 G REIS

100 G KAROTTEN

100 G GRÜNE BOHNEN

100 G ERBSEN

100 G GETROCKNETE CRANBERRYS

34

WUFF

HONIGHERZEN

1 Den Ofen auf 190°C vorheizen.

2 Haferflocken, Honig und Wasser in einer Schüssel gründlich vermengen und zu einem Teig verarbeiten.

3 Die Mischung auf einer sauberen Arbeitsfläche etwa 1 cm dick ausrollen.

4 Plätzchen ausstechen, dann den übrigen Teig noch einmal kneten und ausrollen. Die Plätzchen auf das Backblech legen und 30 Minuten backen.

5 Die Kekse vor dem Servieren abkühlen lassen.

6 Im Kühlschrank halten sich die Honigkekse bis zu zwei Wochen.

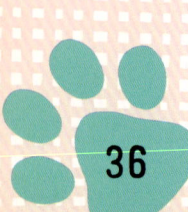

HALLOWEEN-HUNDEKEKSE

SIE BRAUCHEN

BACKOFEN
KÜCHENWAAGE
SPARSCHÄLER
SCHNEIDEBRETT
MESSER
MIXER
MESSBECHER
RÜHRSCHÜSSEL
HOLZLÖFFEL
BACKROLLE
HALLOWEEN-AUSSTECHER
BACKBLECH

1 Den Ofen auf 190°C vorheizen.

2 Die Süßkartoffel schälen und in kleine Würfel schneiden. Die Würfel mit dem Wasser im Mixer zu einer glatten Masse pürieren.

3 Haferflocken und Süßkartoffelbrei in einer Schüssel zu einem Teig verarbeiten.

4 Die Mischung auf einer sauberen Arbeitsfläche etwa 1 cm dick ausrollen.

5 Plätzchen ausstechen, dann den übrigen Teig noch einmal kneten und ausrollen. Die Plätzchen auf das Backblech legen und 30 Minuten backen, bis sie fest sind.

6 In die noch warmen Kekse Löcher für die Augen drücken und mit Cranberrys füllen. Vor dem Servieren ganz abkühlen lassen.

7 Die Kekse halten sich im Kühlschrank bis zu zwei Wochen.

ZUTATEN

225 g SÜSSKARTOFFEL

225 ml WASSER

450 g HAFERFLOCKEN

GETROCKNETE CRANBERRYS, ZUM DEKORIEREN

Geburtstags-party

Prima Tipps für einen perfekten Tag!

FÜR MICH?

ERDBEEREN MIT CAROB

1 115 g Carob-Tropfen (sehen aus wie Schokoladentropfen) in eine mikrowellenfeste Schale geben und mit 30 ml Rapsöl übergießen.

2 Im Mikrowellenherd 1 Minute bei hoher Leistung erhitzen, bis der Carob geschmolzen ist.

3 Erdbeeren (ohne Grün) halb in den geschmolzenen Carob tauchen, dann auf Backpapier ablegen und etwas abkühlen lassen.

4 Die Erdbeeren in den Kühlschrank legen und einzeln als Leckerchen füttern.

WIE ALT BIN ICH IN
MENSCHENJAHREN?

FRÜHSTÜCKSMÜSLI AM GEBURTSTAG

1 Einen Apfel entkernen und in kleine Stücke schneiden.

2 225 ml Wasser in eine mikrowellenfeste Schale gießen und im Mikrowellenherd 2 Minuten erhitzen.

3 Das warme Wasser über 225 g Haferflocken gießen.

4 Leicht rühren, bis die Flocken das Wasser aufgesogen haben.

5 Die Apfelstückchen und 60 g frische Blaubeeren unter die Flockenmischung heben. Abkühlen lassen und servieren.

FESTTAGS-TÖRTCHEN

1 Den Ofen auf 190°C vorheizen.

2 Die Kirschen waschen. 100 g davon mit dem Wasser in einen Mixer geben.

3 Kirschen und Wasser pürieren, bis eine glatte Mischung entsteht.

4 Den Kirschbrei mit den Haferflocken in einer Rührschüssel vermengen.

5 Die Muffinform mit Papierförmchen auskleiden. Die Hafer-Kirsch-Mischung auf die Mulden verteilen.

6 Die Törtchen 20 Minuten backen, bis die Oberfläche anfängt zu bräunen und knusprig wird.

7 Auf jeden Muffin eine halbierte Kirsche legen (Schnittfläche nach unten).

8 Vor dem Servieren vollständig abkühlen lassen.

9 Im Kühlschrank halten sich die Muffins bis zu vier Tage.

ZUTATEN

150 G ENTSTEINTE KIRSCHEN

225 ML WASSER

450 G HAFERFLOCKEN

PFOTENKUCHEN

1 Den Ofen auf 190°C vorheizen.

2 Die Blaubeeren putzen, dann mit mit der geschälten Banane und dem Wasser im Mixer zu einer glatten Masse pürieren.

3 Haferflocken und Blaubeermischung in einer Rührschüssel gründlich verrühren.

4 Mit den Händen zu einem Teig verarbeiten. Daraus eine große und drei kleine Kugeln formen.

5 Die große Kugel auf das Backblech legen und etwas flach drücken. Die kleinen Kugeln danebenlegen, sodass sich die Form einer Pfote ergibt. Auch die kleinen Kugeln etwas flach drücken.

6 Das Ganze 30 Minuten backen, bis die Oberfläche leicht bräunt und knusprig aussieht.

7 Vollständig abkühlen lassen, dann in Scheiben schneiden und dem Hund servieren.

8 Der Kuchen hält sich im Kühlschrank bis zu vier Tage.

SIE BRAUCHEN

BACKOFEN
KÜCHENWAAGE
MIXER
MESSBECHER
RÜHRSCHÜSSEL
HOLZLÖFFEL
BACKBLECH

ZUTATEN

200 G BLAUBEEREN

1 BANANE

225 ML WASSER

450 G HAFERFLOCKEN

KAPITEL 4

Desserts für Schleckermäuler

ERDNUSS-HAPPEN

SIE BRAUCHEN

BACKOFEN
KÜCHENWAAGE
MESSBECHER
RÜHRSCHÜSSEL
HOLZLÖFFEL
FLACHE, ECKIGE KUCHENFORM
TEIGSCHABER
MIKROWELLENFESTES GEFÄSS
MIKROWELLENHERD

1 Den Ofen auf 190°C vorheizen.

2 Haferflocken, Erdnussbutter und Wasser in einer Rührschüssel gründlich verrühren.

3 Die Mischung in eine eingefettete flache Backform füllen und die Oberfläche mit einem Teigschaber glatt streichen.

4 30 Minuten backen, bis die Oberfläche hellbraun wird und knusprig aussieht. In der Form abkühlen lassen.

5 Die Carob-Tropfen in ein mikrowellenfestes Gefäß geben und mit dem Rapsöl übergießen. Im Mikrowellenherd bei hoher Leistung 1 Minute und 20 Sekunden erhitzen. Aus dem Mikrowellenherd nehmen und verrühren, bis eine glatte Mischung entsteht.

6 Die flüssige Carob-Mischung über den Kuchen gießen, mit einem Teigschaber verteilen und glätten.

7 Den Kuchen in der Form in den Kühlschrank stellen, bis die Glasur fest geworden ist. In Stücke schneiden.

8 Die Happen halten sich im Kühlschrank bis zu vier Tage, im Gefrierschrank einen Monat.

ZUTATEN

450 G HAFERFLOCKEN

150 G ERDNUSSBUTTER

225 ML WASSER

150 G CAROB-TROPFEN

60 ML RAPSÖL

TARTELETTES MIT CAROB

SIE BRAUCHEN

KÜCHENWAAGE
MIKROWELLENFESTES GEFÄSS
MESSBECHER
MIKROWELLENHERD
HOLZLÖFFEL
12 MUFFIN-PAPIERFÖRMCHEN
12ER-MUFFINFORM
LÖFFEL

1 Die Carob-Tropfen in ein mikrowellenfestes Gefäß geben und mit dem Rapsöl übergießen.

2 Im Mikrowellenherd bei hoher Leistung 1 Minute und 20 Sekunden erhitzen. Aus dem Mikrowellenherd nehmen und verrühren, bis eine glatte Mischung entsteht.

3 Die Muffinform mit den Papierförmchen auslegen. Je einen Esslöffel flüssigen Carob in die Förmchen füllen und an den Rändern etwas hochziehen, sodass eine Schale entsteht.

4 Die Form für 2 Stunden in den Kühlschrank stellen, oder bis der Carob fest ist.

5 Je 1 Esslöffel Erdnussbutter in die Carob-Schalen füllen und glatt streichen.

6 Den übrigen geschmolzenen Carob auf die Formen verteilen und über der Erdnussbutter glatt streichen.

7 Wieder in den Kühlschrank stellen, bis die Tartelettes fest geworden sind. Dem Hund einzeln als Belohnung geben.

8 Die Tartelettes halten sich im Kühlschrank bis zu vier Tage, im Gefrierschrank einen Monat.

ZUTATEN

150 G CAROB-TROPFEN
60 ML RAPSÖL
150 G ERDNUSSBUTTER

Zur Belohnung

Was schmeckt
Ihrem Liebling
am besten?

BANANENEISWÜRFEL

1 Zwei reife Bananen mit der Gabel
zerdrücken. In einer Schüssel mit
60 g Erdnussbutter und 500 g fettarmem
Vanillejoghurt verrühren.

2 Die Mischung auf zwei Eiswürfelbereiter verteilen
und einfrieren. Dem Hund
einzeln als Belohnung
anbieten.

TIP

Die Erdnuss-
butter im
Mikrowellenherd
erwärmen, dann
lässt sie sich
besser ver-
arbeiten.

APFEL-KNUSPER-HAPPEN

LECKER-MAUL

1 Den Backofen auf 180°C vorheizen.

2 600 ml Wasser, 60 g Apfelmus (ohne Zucker), 30 ml Honig, ein Ei (Größe M) und einen Tropfen Vanilleextrakt in eine Rührschüssel geben. Mit dem Handmixer glatt rühren.

3 250 g Vollkornmehl, 100 g getrocknete Apfelstückchen (kleingeschnitten) und 10 g Backpulver zugeben. Mit dem Handmixer zu einem glatten Teig verarbeiten.

4 Den Teig in eine 12er-Muffinform füllen und im Ofen 1 Stunde backen. Vor dem Servieren vollständig abkühlen lassen.

BANANENZWIEBACK

1 Den Ofen auf 190°C vorheizen.

2 Die Blaubeeren putzen, dann mit der geschälten Banane und dem Wasser im Mixer zu einer glatten Masse pürieren.

3 Mehl und Blaubeermischung in eine Rührschüssel geben und zu einem Teig verarbeiten. Mit den Händen zu einem 5 cm dicken Laib formen und auf das Backblech legen.

4 20 Minuten backen, bis der Laib sich fest anfühlt.

5 Aus dem Ofen nehmen und auf dem Schneidebrett abkühlen lassen. In 1 cm dicke Scheiben schneiden.

6 Die Scheiben auf dem Backblech verteilen und 20 Minuten backen. Die Scheiben wenden und weitere 20 Minuten backen, anschließend vollständig abkühlen lassen.

7 Die Carob-Tropfen in ein mikrowellenfestes Gefäß geben und mit dem Rapsöl übergießen. Im Mikrowellenherd bei hoher Leistung 1 Minute 20 Sekunden erhitzen. Aus dem Mikrowellenherd nehmen und verrühren, bis eine glatte Mischung entsteht.

8 Jeden Zwieback halb in die Carob-Mischung tauchen und auf Backpapier etwas abkühlen lassen. Dann im Kühlschrank ganz fest werden lassen. Dem Hund einzeln als Belohnung geben.

9 Der Zwieback hält sich im Kühlschrank bis zu vier Tage, im Gefrierschrank einen Monat.

SIE BRAUCHEN

BACKOFEN
KÜCHENWAAGE
MIXER
MESSBECHER
RÜHRSCHÜSSEL
HOLZLÖFFEL
BACKBLECH
SCHNEIDEBRETT
MESSER
MIKROWELLENFESTES GEFÄSS
MIKROWELLENHERD
BACKPAPIER

ZUTATEN

200 G BLAUBEEREN

1 BANANE

225 ML WASSER

450 G MEHL

150 G CAROB-TROPFEN

60 ML RAPSÖL

KAPITEL 5

Allergenarme Rezepte

SÜSSKARTOFFEL-CHIPS

SIE BRAUCHEN

BACKOFEN
KÜCHENWAAGE
SCHNEIDEBRETT
MESSER
BACKBLECH

1 Den Ofen auf 160°C vorheizen.

2 Die Süßkartoffeln waschen und auf dem Schneidebrett in dünne Scheiben schneiden.

3 Die Scheiben auf dem Backblech verteilen und etwa 30 Minuten backen.

4 Die Scheiben wenden und weitere 30 Minuten backen, bis sie knusprig sind.

5 Die Chips aus dem Ofen nehmen und vor dem Servieren vollständig abkühlen lassen.

6 Die Chips halten sich im Kühlschrank bis zu eine Woche, im Gefrierschrank einen Monat.

ZUTATEN

400 g SÜSSKARTOFFELN

SIE BRAUCHEN

BACKOFEN
KÜCHENWAAGE
SCHNEIDEBRETT
MESSER
MIXER
MESSBECHER
RÜHRSCHÜSSEL
HOLZLÖFFEL
BACKROLLE
VERSCHIEDENE AUSSTECHER
BACKBLECH

BANANE-BIRNEN-PLÄTZCHEN

1 Den Ofen auf 190°C vorheizen.

2 Die Birne putzen und in kleine Stücke schneiden. Mit der Banane und dem Wasser im Mixer zu einer glatten Masse pürieren.

3 Den Birnen-Bananen-Brei und die Haferflocken in einer Schüssel zu einem Teig verarbeiten.

4 Den Teig auf einer sauberen Arbeitsfläche 1 cm dick ausrollen.

5 Plätzchen ausstechen, dann den übrigen Teig noch einmal kneten und ausrollen.

6 Die Plätzchen auf das Backblech legen und 30 Minuten backen, bis sie fest sind. Vor dem Servieren vollständig abkühlen lassen.

7 Die Plätzchen halten sich im Kühlschrank bis zu zwei Wochen.

ZUTATEN

225 G BIRNE

1 REIFE BANANE

225 ML WASSER

450 G GLUTENFREIE HAFERFLOCKEN

ENTENSCHMAUS

1 Den Ofen auf 220°C vorheizen. Die Entenbrust auf ein Backblech legen und 8 Minuten backen, bis die Fleischseite braun wird.

2 Die Entenbrust wenden und weitere 8 Minuten backen. Das Fleisch sollte durchgegart und nicht mehr rosa sein.

3 Das Fleisch auf einem Schneidebrett in 2,5 cm dicke Würfel schneiden.

4 In der Zwischenzeit 350 ml Wasser in einem Topf aufkochen und den Reis darin bei geringer Hitze 45 Minuten garen, bis das Wasser komplett aufgesogen ist.

5 Karotte und Kürbis schälen. Karotten, Kürbis und grüne Bohnen in kleine Stücke schneiden. Zusammen mit den Erbsen in dem restlichen Wasser (225 ml) 5 Minuten kochen.

6 Entenwürfel, Reis und Gemüse in einer Schüssel vermengen. Vor dem Servieren auf Zimmertemperatur abkühlen lassen.

7 Die Menge entspricht 1–4 Portionen, abhängig von Größe und Appetit des Hundes. Hält sich im Kühlschrank zwei Tage, im Gefrierfach einen Monat.

BACKOFEN
KÜCHENWAAGE
BACKBLECH
SCHNEIDEBRETT
MESSER
MESSBECHER
2 TÖPFE
SPARSCHÄLER
RÜHRSCHÜSSEL
HOLZLÖFFEL

ZUTATEN

225 G ENTENBRUSTFILET

575 ML WASSER

150 G REIS

100 G KAROTTEN

100 G BUTTERNUT-KÜRBIS

100 G GRÜNE BOHNEN

100 G ERBSEN

REGISTER